侏罗纪恐龙 上

探寻 恐龙奥秘

TANXUN KONGLONG AOMI

恐龙大百科

张玉光 ◎ 主编

青岛出版集团 | 青岛出版社

# 双嵴龙

双嵴龙最大的特点是头顶拥有"V"形骨质头冠。可惜的是，这种头冠"中看不中用"，只能当作装饰品。

## 头冠有何用？

古生物学家认为，双嵴龙的头冠又薄又大，很容易被折断，因此不可能用来进行攻击或者防御，很可能是用来吓唬敌人的工具。当然，也有人猜测，它们的头冠色泽鲜艳，可能是吸引异性的装饰物。

双嵴龙的头冠复原图 >>>

双嵴龙因头上长着薄薄的"V"形头冠而得名。人们常说的双脊龙、双棘龙、双冠龙指的也是它们。

| 大　小 | 体长为 4～7 米，体重为 400～500 千克 |
|---|---|
| 生活时期 | 侏罗纪早期 |
| 栖息环境 | 峡谷、河湖边等 |
| 食　物 | 原蜥脚类恐龙、蜥蜴、其他小型动物中国、 |
| 化石发现地 | 美国 |

## 尖尖的嘴

除了大大的头冠，双嵴龙的嘴巴也很特别——又尖又窄，上颌骨能活动。因此，双嵴龙能把躲在矮树丛中或石头缝里的小动物叼出来吃掉。

## 只要是肉都爱吃！

对于双嵴龙来说，任何肉类都具有诱惑力。所以，它们从不挑拣，无论是动物的内脏，还是被吃剩的动物尸体，甚至是腐肉，都要先吃了再说。

## 迅猛的"猎手"

双嵴龙出现得比较早。与其他肉食恐龙比起来，双嵴龙显得十分"瘦小"——体长约为 6 米，体重只有 500 千克左右。所以，它们平时跑得很快。双嵴龙后肢力量强大，行动时迅速、敏捷，因此捕猎也更加容易。侏罗纪早期的动物，只要被双嵴龙盯上，几乎就不可能逃过它们的尖牙利嘴。

# 近蜥龙

恐龙家族中有很多成员以"蜥蜴"命名。但是，你知道吗？目前已发现的恐龙中，外形与蜥蜴最像的可能是一种脑袋较小、身体细长、尾巴灵活的家伙——近蜥龙。

**化石 一"指"两用 >>>**

近蜥龙的前掌上长有一个能弯曲的、带爪的大拇指。专家推断，它们的大拇指很可能是用来挖掘地下根茎的工具，或是遭遇敌人时进行对抗的武器。

## 身体特征

近蜥龙体形较小，长有形似三角形的脑袋、细长的脖子和身体，还有一条灵活、可卷曲的长尾巴，是种既能四足行走又可两足奔跑的小型恐龙。

**你知道吗？**

近蜥龙骨骼化石最初被人们发现时被误认为是属于人类的。

近蜥龙还有个好听的名字，叫"安琪龙"。

| 大　　小 | 体长为1.7～2米 |
|---|---|
| 生活时期 | 侏罗纪早期 |
| 栖息环境 | 森林 |
| 食　　物 | 植物 |
| 化石发现地 | 中国、美国、南非 |

**嘴里有"钻石"**

　　与身体相比起来，近蜥龙的头骨显得特别小，而且非常狭窄。其头骨的上下颌上布满像钻石一样的牙齿。这些牙齿既不锋利，也不算大。因此，专家推测，近蜥龙很可能以吃植物为生。

**小知识**

　　20世纪70年代初，有人在我国贵州北部的大方盆地中挖掘出一具不算完整的恐龙骨架化石。后来，这具化石的主人被命名为"中国近蜥龙"。

# 剑 龙

　　剑龙家族是恐龙王国里为数不多的"大家庭"。这个家族里的成员以笨重而出名——头骨小，大脑小，身体巨大。身上大大的剑板以及尾巴上尖尖的尾刺是剑龙名字的由来，也可能是它们的防御武器。

化 石　剑板 >>>

　　剑龙身上最突出的特点就是那两排骨质剑板。剑龙可能通过剑板来调节体温或追求异性。也有科学家认为，剑龙的剑板以及肩膀和尾巴上的尖刺可能是它们抵御敌人的武器。

| 大　　小 | 体长为 6～12 米 |
|---|---|
| 生活时期 | 侏罗纪中晚期至白垩纪早期 |
| 栖息环境 | 森林 |
| 食　　物 | 低矮的植物 |
| 化石发现地 | 中国、美国、英国 |

## 小知识

　　中国是世界上蕴藏剑龙类化石最丰富的国家之一。到目前为止，中国已发现近 9 个不同种类的剑龙化石，占全世界已知剑龙化石种类的一半之多！

## 为啥笨笨的?

剑龙看上去傻傻的,就算被肉食恐龙咬了,也要过几秒后才知道疼痛。为什么会这样呢?

原来,剑龙身躯庞大,体长有6～12米,可大脑只有一颗核桃般大小。这样小的大脑可能很难控制巨大的身躯正常活动。因此,它们才会显得很笨重。

## 两个"大脑"

古生物学家后来发现,剑龙的臀部有个膨大起来的大球,约有剑龙大脑的20倍大,球里含有复杂的神经系统。有的专家认为,这也许是剑龙的"第二个大脑",能协助头部的大脑一起控制身体。

## 大家在一起

除了一身骨板,笨笨的剑龙几乎没有其他防御工具,很容易成为肉食恐龙的攻击目标。因此,剑龙组建了"野餐小队",常常三五成群地外出觅食。这样,肉食恐龙就很难轻易地猎杀到剑龙了。

# 巨齿龙

巨齿龙又叫"斑龙"，是第一种获得命名的恐龙。它们身材巨大，拥有大大的、锋利的牙齿。这种恐龙最先生活在侏罗纪中期的欧洲，后来逐渐走向非洲、亚洲等地。

化 石　巨齿龙的头骨和尖牙 >>>

巨齿龙的每颗牙齿长约10厘米，齿端有锯齿。它们弯弯曲曲地排列着，就像一把把倒插着的匕首。巨齿龙脱落旧牙后，在很短的时间内就能长出新牙来。

## 凶狠的家伙

巨齿龙头骨很大，上下颌上布满尖牙，并且具有强大的咬合力。被它们咬住的猎物一般很难逃脱。捕猎时，巨齿龙会猛地冲向猎物，疯狂撕咬猎物的脖子，直到猎物死去才会松口享用美餐。

| 大　　小 | 体长约为9米 |
|---|---|
| 生活时期 | 侏罗纪中期至白垩纪早期 |
| 栖息环境 | 森林 |
| 食　　物 | 肉类 |
| 化石发现地 | 英国、法国、摩洛哥等 |

## 跑得挺快

人们曾在英国剑桥附近发现了许多恐龙脚印化石。研究者认为，这些脚印可能属于巨齿龙。人们还根据脚印的大小和脚印之间的距离推测出巨齿龙的奔跑速度——它们每小时大概能跑30千米，也就是1分钟跑500米！

## 最早拥有名字的恐龙

人类在很早以前就发现了恐龙化石，但一直误认为它们是怪兽或其他动物的化石。直到 1824 年，英国的地质学家巴克兰才将这些化石显示的生物命名为"巨齿龙"。恐龙家族中最早被科学地描述和命名的成员就是巨齿龙，其拉丁文的意思是"采石场的巨大蜥蜴"。

### 小知识

最初，巨齿龙化石是在采石场里被发掘出来的。遗憾的是，直到现在人们也没能找到一具完整的巨齿龙化石。

# 梁　龙

　　侏罗纪时期有许多恐龙，但如果说起"巨无霸"，就一定要说说梁龙。约 30 米的身长，十几吨重的体重，长长的脖子和尾巴，加上粗壮的四肢，无不彰显着梁龙"超级巨龙"的地位。

**化　石　"人"字形双梁骨** >>>

　　梁龙的尾巴约由 70 块尾椎骨组成。这些尾椎骨的每一节椎体上都有两根"人"字形的骨头向上、下两个方向伸展。研究人员为这种形态的脊椎取名为"双梁"。

## 你知道吗？

　　因为鼻孔长在头顶上，所以为了躲避凶猛的肉食恐龙，梁龙经常躲进水里，把鼻孔露在外面。

　　梁龙的长脖子约有 7 米长，相当于两辆两厢轿车头尾相连的长度。

　　梁龙与同伴能够相互召唤。它们能用脚感觉同伴的"声音"。

| 大　　小 | 体长为 27～30 米，体重为 10～20 吨 |
| --- | --- |
| 生活时期 | 侏罗纪晚期 |
| 栖息环境 | 平原 |
| 食　　物 | 叶子、矮生植物等 |
| 化石发现地 | 美国 |

## 长长的尾鞭

除了身体长、脖子长，梁龙的尾巴也很长——可达14米。梁龙的尾巴也是防御武器。万一碰到敌人，梁龙就会用尾巴抽打对方。不过，梁龙从不主动发动攻击。这说明梁龙是性格温和的"大个子"呢！

## 到底有多大？

你知道吗？一般的网球场长约36米，宽约18米，而梁龙的身体就有整整一个网球场那么大！也就是说，一只梁龙就能把网球场填满。由此看来，梁龙"超级巨龙"的称号名副其实。

## 它们并不笨重！

虽然梁龙一眼看上去高高壮壮的，但它们并没有人们想象的那么笨重。这是因为梁龙的骨头是中空的，看着很粗大，其实重量相对较轻。体重减轻了，梁龙的身体也就没有那么笨重了。

# 圆顶龙

比起侏罗纪里那些常常调皮捣蛋的"熊孩子"，圆顶龙可就乖巧多了。它们不仅懂谦让，还从不主动跟别的动物发生冲突。它们虽然无法咀嚼食物，但拥有搅拌机一般的胃。所以，圆顶龙吃得再多，也不必担心会消化不良。

### 体贴的"君子"

人们常常把体贴别人、懂得谦让的人称为"君子"。圆顶龙就是恐龙中的"君子"——食物充足时，它们只吃那些长得低矮的树叶，把高处的嫩叶留给其他身材高大的"亲友"们。

## 食物"搅拌机"

　　圆顶龙以植物为食，每天绝大部分时间在吃东西。不过，它们不能咀嚼，只能把食物和石头一齐吞下去。幸好，圆顶龙的胃足够强大，能把食物和石头搅拌在一起，用石头磨碎食物，帮助身体消化和吸收。

## "龙"大十八变

　　在美国，人们曾挖出过一具长约 6 米的小圆顶龙化石。这具化石标本显示的圆顶龙在体形上比成年圆顶龙小许多，脑袋和眼眶都比成年圆顶龙的大一些，但脖子比较短，骨骼上还有没长好的骨缝。比起圆顶龙成年后的样子，小圆顶龙的相貌简直相差太多了。这或许就是"龙"大十八变。

| 化 石 | 圆圆的头骨 >>> |
| --- | --- |

　　圆顶龙的头顶又圆又大。这正是它们名字的来源。虽然圆顶龙是"大头娃娃"，可它们并不聪明，因为在它们的头骨里能容纳大脑的空间太小了。

| 大　　小 | 体长约为 20 米 |
| --- | --- |
| 生活时期 | 侏罗纪晚期 |
| 栖息环境 | 平原 |
| 食　　物 | 植物 |
| 化石发现地 | 美国、墨西哥、葡萄牙 |

# 蛮 龙

蛮龙也叫"野蛮龙""蛮王龙",是侏罗纪时期最强健、体形最大的肉食龙之一,也是欧洲迄今发现的体形最大的肉食恐龙。它们被称为侏罗纪的"残酷霸主"和"蛮横王者"。

### 抢食者,杀无赦!

中小型肉食恐龙常常组队围观大型恐龙的猎杀场景,企图不劳而获。但是,如果碰上的是蛮龙,它们就危险了,因为一旦被蛮龙发现,它们很可能会被立刻击杀。

### 凶残的猎手

蛮龙跑起来很快。捕猎时,蛮龙会先猛追猎物,等猎物丧失了力气再突然扑上去咬住猎物,直到把猎物咬死。被它们盯上的猎物几乎很少能逃脱。

| 化 石 | 尾椎骨 >>> |

第一块蛮龙化石于20世纪70年代初出土于美国的一个采石场。遗憾的是,直到现在人们也没能找到一具完整的蛮龙骨骼化石。

## 顶级掠食者

　　蛮龙的嘴巴很大，脸部肌肉拥有超强的咬合力，锋利如刀的牙齿足以让它们撕裂任何动物的皮肉。加上强壮的身体、敏捷的速度，蛮龙可谓侏罗纪的顶级掠食者。

| 大　　小 | 体长为 9 ～ 14.2 米，体重为 2 ～ 12.2 吨 |
| --- | --- |
| 生活时期 | 侏罗纪晚期 |
| 栖息环境 | 多树平原、森林 |
| 食　　物 | 肉类 |
| 化石发现地 | 中国、美国、葡萄牙、非洲等 |

15

# 扭椎龙

扭椎龙生活在距今 1.6 亿多年前的欧洲，是欧洲著名的大型食肉恐龙。它们除了吃陆生动物，也喜欢捕食海里的生物。此外，它们还是游泳高手呢！

## 海边"原住民"

扭椎龙的骨骼化石出土于海相地层中。因此，专家推测，扭椎龙也许就生活在海岸边，靠捕食陆地、海洋动物为生。

## 会游泳的食腐者

除了捕食陆地上的棱齿龙和剑龙等，扭椎龙还可能捕食海洋中的大型生物。另外，扭椎龙还会游泳。它们可以在不同的岛屿之间巡游，捡食漂浮在海上的腐肉。

| 大　　小 | 体长约为 7 米 |
|---|---|
| 生活时期 | 侏罗纪晚期 |
| 栖息环境 | 海岸 |
| 食　　物 | 肉类，包括腐肉 |
| 化石发现地 | 英国 |

## 乱入族谱

恐龙化石被发现的最初100多年间，科学家们对它们各个家族的分类非常混乱。当时很多人认为地球上只有斑龙这一种庞大的肉食恐龙。所以，扭椎龙在化石刚一出现时就被划入了斑龙家族。

## "拨乱反正"

20世纪中期，英国的科学家重新对扭椎龙进行了研究，最终确认这种恐龙与斑龙在演化上毫无关系，并根据化石标本显示的严重扭曲的脊椎骨为之起名"扭椎龙"。

| 化 石 | 扭椎龙部分脊椎 >>> |
| --- | --- |

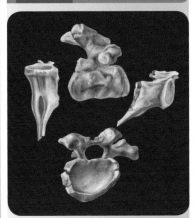

扭椎龙天赋异禀。它们的脊椎可以左右扭曲，方便它们观察四周环境，以寻找猎物或躲避天敌。

**小知识**

1997年，人们在非洲沙漠中发现了一具恐龙化石。受条件限制，为了取出化石，科学家们不得不凭借双手，一趟又一趟地搬走覆盖在化石上面重约15吨的岩石和沙子。

# 嗜鸟龙

听到嗜鸟龙的名字，你也许会想它们应该喜欢吃鸟。但是，因为年代久远，证据不足，这一说法并没有被证实。不过，相信随着科技的发展，我们可以找到破解这一谜题的关键证据。

| 大　　小 | 体长约为2米 |
|---|---|
| 生活时期 | 侏罗纪晚期 |
| 栖息环境 | 森林 |
| 食　　物 | 肉类，可能包括腐肉 |
| 化石发现地 | 美国 |

化　石　　前爪 >>>

嗜鸟龙的前肢比后肢短，但十分有力，善于抓取。其前掌骨有两根长手指、1根短手指，手肘能伸缩，可以把手掌缩回胸前，就像鸟类合上翅膀一样。

## 你知道吗？

嗜鸟龙与始祖鸟生活在同一时期，它们可能会捕食始祖鸟。

嗜鸟龙的第三根小指能向手心弯曲。这样可以让它们牢牢地抓住挣扎反抗的猎物。

嗜鸟龙视力超群，能发现躲在石头缝里和草丛中的小动物。

### 小知识

目前，人们对嗜鸟龙的认识几乎全部源于 20 世纪初期在美国科莫崖附近出土的目前唯一一具嗜鸟龙化石。

## 食谱多样

即使不吃鸟类，嗜鸟龙也不是素食者。小型的哺乳动物、蜥蜴以及其他小型的爬行动物，甚至尚未孵化出来的小恐龙，都是嗜鸟龙喜欢的食物。

19

# 腕 龙

腕龙是生活在侏罗纪晚期的巨型植食恐龙，也是有史以来陆地上最大的动物之一。

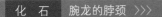

| 化 石 | 腕龙的脖颈 >>> |

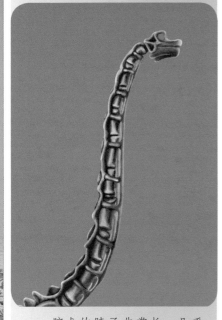

| 大 小 | 体长约为 25 米 |
|---|---|
| 生活时期 | 侏罗纪晚期 |
| 栖息环境 | 平原 |
| 食 物 | 树叶、嫩枝 |
| 化石发现地 | 北美洲、非洲 |

▼古生物学家认为，腕龙和钉状龙一样，长有两个"大脑"：一个是主管思维的正常大脑；另一个则是位于后腰、分管四肢运动和部分内脏的神经中枢，又称"第二大脑"。

腕龙的脖子非常长，几乎与马门溪龙的脖子相差无几。但是，和马门溪龙的脖子比起来，腕龙的脖子更加灵活柔软，能够做一些幅度较大的动作。

## 鼻子带来的错误猜想

　　和大多数恐龙不同，腕龙的鼻子不是长在口鼻部的前端，而是位于头顶。这种特别的构造让古生物学家多年来一直认为腕龙是生活在水里的恐龙。在他们原本的设想中，腕龙经常深入湖泊寻找食物，一旦遇到危险，就会直接藏到水下，只把鼻孔露出来呼吸。然而，随着对腕龙研究的深入，人们渐渐发现，腕龙的 4 只脚形状狭窄，根本不适合在水里移动。至于"遇到危险藏匿在水中"的假设更是无稽之谈，因为水下过高的压力会压迫腕龙的内脏器官，严重的话，甚至会使其因肺部衰竭而死亡。

## 食量惊人

　　腕龙身材魁梧，体形巨大，要比现代陆地上最大的哺乳动物——大象还壮上好几圈儿。维持这样庞大身体的正常活动，需要进食大量的食物。古生物学家估算，如果一头成年大象每天能吃掉 150 千克的食物，那么一只成年腕龙就能吃掉大约 1500 千克的食物。这饭量足足是大象饭量的 10 倍！

# 钉状龙

钉状龙是剑龙类的成员，主要生活在侏罗纪晚期的非洲中部。和普通剑龙骨刺嶙峋的模样比起来，钉状龙要更加极端。除拥有剑龙类的"标准配置"——骨板以外，钉状龙身上还长有大量的骨质尖刺，就连尾巴上也是如此。这让它们看起来和放大许多倍的刺猬差不多。

## 牙齿与食物

目前，古生物学家还没有发现完整的钉状龙头骨化石。不过，他们结合已发现的骨骼化石推测，钉状龙很可能和其他剑龙类一样，长着狭窄的吻部和细密小巧的牙齿。它们整日穿梭在森林里，靠啃食地面上低矮、鲜嫩的植物填饱肚子。